ANECDOTES
PHYSIQUES ET MORALES.

JUSQU'ICI l'on n'a point attaqué l'Opération faite au Nord, pour déterminer la Figure de la Terre; quoique ceux qui l'ont executée, ayent voulu répandre de grands ſoupçons ſur les opérations faites en France pour la déciſion de la même queſtion. M. Caſſini s'eſt contenté de défendre ſes Opérations, ſans attaquer celle qui leur eſt contraire.

Mais comme cette modération dont on devoit lui ſçavoir gré a tourné contre lui, & que ſes ennemis en ont triomphé & ont pris pour une marque de ſa foibleſſe ce qui n'étoit l'effet que de ſa modeſtie, & de ſon caractére porté à la paix; on croit maintenant néceſſaire de faire voir que l'Opération du Nord eſt bien éloignée d'être à l'abri de toute objection.

Tous ceux qui ont quelque connoiſſance de ces ſortes d'Opérations conviendront que l'Arc que Messieurs du Nord ont mesuré n'est pas assez grand pour en pouvoir conclure rien d'assuré. On ne sçauroit parvenir qu'à une certaine exactitude dans les observations qu'on fait pour déterminer l'Arc du Méridien céleste, qui répond à l'Arc qu'on a mesuré sur la Terre. L'adresse des hommes, tant dans la construction des instrumens que dans l'usage qu'ils en font, est limitée, & Messieurs du Nord ne doivent pas être mécontens si l'on ne leur attribue que les erreurs, qui sont nécessairement possibles dans les observations, & qui ne dépendent, ni de la négligence, ni de la maladresse. Or il est évident que plus l'Arc qu'on mesure est petit, plus l'erreur qu'on peut commettre dans la détermination de l'Arc du Méridien céleste est grande. Parce que si la même erreur se distribue sur un grand nombre de degrez, elle n'altérera que peu considérablement la juste valeur de chacun; au lieu que si elle est toute répandue sur un seul, elle l'altérera beaucoup. C'est ce qui a déterminé Messieurs Cassini dans les opérations qu'ils ont faites, pour déterminer la figure

Figure de la Terre, à mesurer toujours de très-grands Arcs. Et l'on peut voir que le sentiment de l'Académie a toujours été de donner aux grands Arcs la préferance sur les petits, par la raison que nous venons d'alleguer. M. Picard lui-même, lui qui étoit presque tombé dans le même défaut que Messieurs du Nord, par la petitesse de l'Arc qu'il avoit mesuré, est convenu de cette préférence des grands Arcs sur les petits pour déterminer la juste grandeur des degrez.

On peut donc s'étonner de ce que Messieurs du Nord se sont contentés de mesurer un Arc qui n'est que de 57. Minutes, & de ce qu'ils attribuent tant de force à cette mesure. Quant à la petitesse de l'Arc, il faut convenir que les Pays où ils ont fait leur opération n'étoient pas commodes. Nous sçavons cependant que quelqu'un d'eux qui n'étoit pas des moins utiles dans cette mesure étoit d'avis de la prolonger du côté du Midi, & que la chose n'étoit pas impracticable; mais M. de M. fut d'un avis différent. Il avoit lû, avant son départ, dans l'Academie un Mémoire dans lequel il prétendoit prouver, contre toute apparence de raiſon, l'avantage des petits Arcs ſur les grands; choſe ſi paradoxe, que toutes les ſubtilités dont M. de M. s'eſt ſervi pour parvenir à cette propoſition ne ſçauroient la faire digérer aux perſonnes qui ſont au fait, & qui ſont d'un goût juſte pour ces opérations. Quoiqu'il en ſoit, on comprend bien que M. de M. après avoir donné un tel mémoire n'étoit pas homme à en démordre, & lui, qui prenoit continuellement des airs d'autorité ſur ſes compagnons, rejetta avec hauteur l'avis ſalutaire qui lui étoit donné par un homme qui étoit celui de tous, qui avoit le plus d'expérience dans l'ouvrage dont ces Meſſieurs étoient chargés, On crut ſur la foi du mémoire de M. de M. qu'un Arc qui n'eſt pas d'un degré entier étoit ſuffiſant pour décider cette grande queſtion, pour laquelle Meſſieurs Caſſini avoient toujours meſuré autant de degrez qu'ils avoient pû. Quant à la force que Meſſieurs du Nord ont attribuée à cette meſure, c'eſt une ſuite du même principe qui les a fait s'en contenter, & l'intérêt de ſoutenir qu'on a fait le mieux

mieux qu'il étoit possible s'est venu joindre encore à ce motif.

On convient bien que la prolongation de la Méridienne de Torneo du côté du Nord étoit impossible, mais sûrement on la pouvoit prolonger au Midi le long de l'une ou de l'autre des deux côtes qui forment le Golfe de Bothnie; car il est évident qu'il n'est point nécessaire que les Triangles qu'on forme dans ces opérations suivent si exactement la direction de la ligne Méridienne, pourvû que tous les détours soient bien observés, & que cette circonstance n'est utile que pour gagner du terrain & éviter la peine; car lorsque la suite des Triangles s'écarte de la Méridienne, la Ligne formée par cette suite est l'hypothenuse d'un Triangle rectangle, dont la Méridienne est un côté, le reste du Triangle étant formé par l'Arc du parallele à l'Equateur. L'excès dont l'hypothenuse surpasse le côté, est donc l'excès dont le travail qu'on a à faire surpasse celui qu'on auroit eu si les Triangles avoient suivi la Ligne Méridienne.

Si ces Messieurs n'avoient pas eu dans la tête, ce principe de M. de M.

 pour

pour les petits Arcs, & une trop grande envie d'aller directement dans la direction de la Méridienne, ils auroient pû mesurer une grande partie du Golfe de Bothnie, soit du côté de la Vestrobothnie, soit du côté de la Finlande, & faire un Ouvrage qui auroit répondu à ceux que Messieurs Cassini ont faits en France; mais pour cela il eut fallu tenir long-tems la campagne, & il étoit plus doux & plus commode de se contenter de 7 ou 8 Triangles & venir se renfermer à Torneo.

Voilà ce qui regarde le Plan général de l'Opération du Cercle Polaire. Quant au détail de cette Mesure, il ne faut que jetter les yeux sur la suite des Triangles depuis Torneo jusqu'à Kittis, pour voir que malgré leur petit nombre, il s'en trouve quelques-uns, dont les angles sont si aigus qu'ils ne sçauroient donner une grande précision, & l'on s'étonne que ces Messieurs, qui sont si habiles dans la Géométrie & dans l'Algebre n'ayent pas vû que les moindres erreurs dans de tels Triangles pouvoient avoir des suites très-dangereuses.

On peut dire que si la mesure terrestre

restre n'est pas fort sûre, la mesure de l'Arc céleste qui répond à Torneo & à Kittis ne promet pas une plus grande exactitude. Cet Arc céleste, comme on sçait, se mesure par la distance des étoiles au Zenith des lieux où se termine la mesure terrestre. Or, pour avoir la juste distance des étoiles au Zenith de chaque lieu, pour peu qu'on soit Astronome, on sçait de quelle importance il est que l'instrument avec lequel on observe cette distance, soit placé directement dans le plan du Méridien, lorsque l'Arc qu'on mesure est petit. Si, par exemple, le plan dans lequel se trouve le limbre de l'instrument fait quelque angle avec le plan du Méridien, on n'observe l'Etoile qu'après, ou avant qu'elle ait passé au Méridien, c'est-à-dire, qu'on n'a sa hauteur que dans quelque Azymut, qui n'est pas la même que sa hauteur méridienne. On sçait que la position d'un tel instrument dans le plan du Méridien est une opération délicate pour laquelle il faut beaucoup d'exactitude & de pratique dans l'Astronomie. Ne peut on point craindre ici que quelqu'une de ces choses ait manqué? D'ailleurs,

 lorsqu'on

lorſqu'on a obſervé l'étoile d'un côté de l'inſtrument, les Aſtronomes le retournent & obſervent la même étoile de l'autre côté. C'eſt une vérification qui fait connoître ſi l'inſtrument s'eſt dérangé. Meſſieurs du Nord qui paroiſſent avoir ſur toute cette opération des principes différens de ceux des Aſtronomes ordinaires, ont négligé cette vérification ; & en ont imaginé d'autres plus difficiles plus alembiquées, & qui ne ſont pas ſi juſtes. Enfin, la légereté de leur inſtrument qui n'eſt qu'une Lunette, au bout de laquelle eſt un petit Limbe de 5. Degrez, cette légereté, & le métal de l'inſtrument qui eſt tout de cuivre, ſans qu'il y ait aucune barre de fer pour le ſoutenir, doivent faire craindre pour ſa ſolidité, ſans compter les altérations que peuvent cauſer aux métaux les froids exceſſifs.

Il y a encore une autre remarque particuliere à l'inſtrument dont Meſſieurs du Nord ſe ſont ſervis ; c'eſt que le plomb qui eſt à l'extrémité du fil qui eſt attaché au centre, au lieu de pendre librement dans l'air, comme aux inſtrumens dont nous nous ſervons, pend dans un gobelet rempli

pli d'eau. On a voulu, par-là, lui assûrer un plus prompt & un plus parfait repos dans la situation verticale, car il est évident que la résistance de l'air étant la seule cause qui arrête les oscillations d'un pendule, la résistance de l'eau beaucoup plus grande que celle de l'air, arrête les oscillations du fil à plomb beaucoup plutôt que ne feroit la résistance de l'air, si c'étoit elle qui s'opposât à ses oscillations.

Mais le fil à plomb, lorsqu'il trempe ainsi dans un vase rempli de liqueur prend il bien exactement la situation verticale? C'est ce dont plusieurs expériences nous ont appris à douter, & sur quoi nous avons de grands soupçons. Nous n'entreprendrons point ici d'expliquer quelle pourroit être la cause qui empêcheroit le fil à plomb de prendre la situation verticale. La nature est bien éloignée de nous être assez connue pour assigner la cause de tous ses effets. C'est à l'expérience à nous apprendre quels ils sont, & nous pouvons dire que l'expérience nous a fait voir ici de grandes irrégularités.

Or, si le fil à plomb n'est pas exactement dans une ſituation parfaitement, verticale, il eſt clair que toutes les diſtances des étoiles obſervées au Zenith ſont fauſſes, & par conſéquent l'arc céleſte mal déterminé. L'horloger Anglois qui a conſtruit le ſecteur de Meſſieurs du Nord, & qui a imaginé de faire tremper le plomb dans l'eau, n'auroit-il point procuré à cet inſtrument une cauſe réelle d'erreur, en voulant lui procurer une commodité imaginaire, & ces Meſſieurs qui voyent l'attraction par tout, ne devoient-ils pas craindre l'attraction des bords & du fond du vaſe dans lequel trempe le fil à plomb ?

Nous n'appuyerons pas d'avantage, pour le préſent, ſur l'objection qu'on pourroit tirer de là contre l'opération du Nord. Nous attendons ſur cela un plus grand nombre d'expériences que celles que nous avons faites. Il nous ſuffit maintenant d'avertir que cette méthode de tremper le fil à plomb dans l'eau, n'eſt pas ſi ſûre que celle de le laiſſer pendre librement dans l'air, comme on fait aux inſtrumens ordinaires, & que, ſans avoir recours aux attractions, il eſt très-poſſible que quelque Atmoſphère, qui environne les

les bords du gobelet dans lequel trempe le plomb, en dérange la situation. On ne peut pas nier l'effet sensible d'une telle Atmosphère autour d'un Tube de verre, lorsqu'il est frotté avec la main. Mille autre circonstances ne peuvent-elles pas mettre le gobelet dans un état pareil? Enfin, nous le répetons, ce sont plusieurs expériences qui nous ont appris que le fil à plomb, lorsqu'il trempe dans un gobelet plein d'eau, ne prend pas toujours exactement la situation verticale.

J'avoue qu'on ne peut pas faire un juste reproche à Messieurs du Nord de s'être servis de cette pratique, dont ils ignoroient le danger; mais notre but, ici, n'est pas de les blâmer; ce n'est que de faire connoître ce qui peut manquer à leur opération. Dans cette opération certains défauts peuvent leur être imputés, les autres n'ont pas dépendu d'eux; mais tous empêchent l'exactitude de la mesure, & ce n'est que de cela qu'il est question; car, quoique le ressentiment fût peut-être assez juste dans les amis de Monsieur Cassini, il désavoueroit tout ce qui naîtroit d'un pareil motif.

Nous laissons à juger si la remarque

que nous allons faire porte sur un de ces défauts qu'on doit imputer aux circonstances nécessaires de l'opération, ou à ceux qui l'ont exécutée. Tous ceux qui jusqu'ici, ont entrepris de pareils ouvrages ont eû grand soin de les vérifier par une seconde base, qu'ils ont mesuré au bout de la suite de leurs Triangles. L'accord de cette seconde base avec la premiere qui est à l'autre bout, est la sureté de tout l'ouvrage. On voit dans les opérations trigonométriques de Messieurs Cassini avec combien de soin ils ont toujours cherché de pareilles bases, qui souvent pour eux n'étoient pas faciles à trouver, & l'on voit, par l'accord qui s'est toujours trouvé entre leurs secondes bases & leurs premieres, quelle est la sûreté de leurs mesures.

S'il y a une opération au monde où les bases ayent été dans la disposition des observateurs, c'est l'opération du Nord. Elle s'est faite le long d'un fleuve très-large, qui pendant neuf mois de l'année est glacé, & fournit de grandes plaines, où l'on peut mesurer tant de bases qu'on veut; cependant, ces Messieurs qui, comme nous avons déja vû, ont toujours eû des princi-

pes

pes singuliers sur cette opération, ont dédaigné cette pratique, & se sont contentés d'une seule Base. Il est vrai que cette Base est fort longue, & que sa situation au milieu de la distance mesurée est avantageuse, parce que n'y ayant de chaque côté, qu'un petit nombre de Triangles, les erreurs trigonométriques ne peuvent pas beaucoup se multiplier ; mais l'usage des secondes bases n'est pas seulement d'éviter les erreurs trigonométriques ; c'est d'éviter les erreurs dans *la Numeration*, qui peuvent causer de grands mécomptes. Voici ce que nous entendons par erreurs dans la Numeration. On mesure les bases avec de grandes perches, dont plusieurs font ce qu'on appelle une portée. Au lieu de compter perche à perche à mesure qu'elles sont posées à terre, on compte par portées, & comme on sçait le nombre des perches qui est dans la portée, & le nombre des toises qui est dans chaque perche, on a facilement à la fin le nombre des toises contenues dans la base ; mais si l'on se trompoit, en comptant, & qu'au lieu, par exemple, de compter 28, on comptât 29, ou 27, on se tromperoit sur toute

toute la longueur de la base de toute une portée, & d'autant de toises que la portée en contient. Messieurs du Nord, par exemple, avoient des perches de 5. toises, & chaque portée étoit de 4. perches. Si donc, ils s'étoient trompés d'une portée, ce qui est très-possible, & qui peut échapper aux plus habiles observateurs, l'erreur sur leur base seroit de 20. toises; s'ils s'étoient trompés de 2. portées l'erreur seroit de 40. toises; & une telle erreur sur 7400. toises, qui est la longueur de leur base en étant la $\frac{1}{185}$ partie, elle causeroit dans leur mesure une erreur proportionnelle sur le degré, c'est-à-dire, une erreur de plus de 300. toises, à laquelle seroit dûe toute la différence que ces Messieurs ont trouvée entre le degré de Lapponie & celui de la France, & qui même la surpasseroit, selon leur derniére mesure du degré d'Amiens, & feroit paroître la Terre applatie, quoiqu'elle soit allongée. Or (ceci soit dit sans déplaire à ces Messieurs) quelle que soit leur science, il leur a pû échapper de ces sortes d'erreurs, & il n'y a que l'accord d'une seconde base avec la premiére, qui puisse assurer

aſſurer qu'on ne s'eſt pas trompé de la ſorte.

Il eſt ſurprenant que ces Meſſieurs qui pouvoient choiſir des baſes par tout, ayent négligé une pareille vérification. Etoit-ce l'envie d'agir dans toute cette Opération ſur des principes opposés à ceux de M. Caſſini ? Mais les principes qu'a ſuivis M. Caſſini ne ſont-ils pas les plus ſûrs, & les plus ſimples ? Ne ſont-ils pas ceux que la raiſon dicte ?

Nous ſçavons encore que celui d'entre Meſſieurs du Nord, dont nous avons déja parlé, vouloit qu'on meſurât une ſeconde Baſe; mais on le fit taire encore cette fois-ci comme l'autre. Il ne ſçavoit que les pratiques de M. Caſſini, ſous qui il a travaillé long-tems; c'étoit de la vieille aſtronomie qui devoit ſe taire devant la nouvelle.

Nous n'avons plus qu'une remarque à faire ſur la Baſe de ces Meſſieurs qui paroît avoir été meſurée avec beaucoup d'exactitude; c'eſt ſur la ſituation du ſol ſur lequel elle a été meſurée. Ces Meſſieurs nous diſent que le fleuve de Torneo a un cours très-rapide, & eſt rempli de Cataractes. Ces

Cataractes & cette rapidité font voir, non-seulement, que la surface de ses eaux est fort inclinée ; mais encore que cette surface est remplie d'inégalités. L'un & l'autre de ces défauts rendent cette surface beaucoup moins propre pour une base, qu'il ne semble d'abord que le devroit être la surface des eaux. Cette espece de défaut n'est pas de ceux qu'on peut reprocher à Messieurs du Nord. Mais peut-être auroient-ils pû en corriger les effets, par des Nivellemens ausquels il ne semble pas qu'ils ayent pensé.

Jusqu'ici nous n'avons parlé que des défauts particuliers qui peuvent se trouver dans l'Opération de Messieurs du Nord, défauts, dont une partie auroit pû être supplée par plus de travail, plus de tems, & plus d'estime pour les pratiques qu'avoit enseignées Messieurs Cassini ; mais dont l'autre partie étoit attachée aux circonstances des lieux où s'est faite cette opération.

Nous allons, présentement, parler d'un autre espece de défauts qui s'étendent sur toutes les opérations de cette nature, & qui peuvent beaucoup diminuer la confiance qu'on a dansces opérations.

Le premier doute qu'on peut avoir ſur ces opérations eſt fondé ſur des mouvemens irréguliers des étoiles, qui ont pû juſqu'ici échapper aux Aſtronomes. Or, comme on a beſoin pour la meſure des degrez du Méridien des diſtances des étoiles au Zénith conſiderées comme fixes; ſi après qu'on les a obſervées à l'un des bouts de la Méridienne qu'on meſure, elles font quelque mouvement pendant l'Intervale du tems qui s'écoule juſqu'à ce qu'on aille les obſerver à l'autre bout, il eſt clair qu'il y aura dans l'Obſervation une erreur de tout ce mouvement, & que, ſi ſeulement l'Etoile s'eſt avancée, ou éloignée du pole de 10″, il y aura de ce chef ſeul une erreur de 160. toiſes dans le degré ſi l'on ne meſure qu'un arc d'un degré; au lieu que cette erreur ne ſera que de 80. toiſes, ſi l'Arc qu'on meſure eſt de deux degrés. C'eſt, pour éviter l'effet de ſemblables erreurs, qu'il paroît bien néceſſaire de meſurer de grands Arcs, comme ont toujours fait Meſſieurs Caſſini. Mais des Aſtronomes peu verſés dans la pratique de l'Aſtronomie ne connoiſſoient pas ces mouvemens.

Un

Un autre doute eſt fondé ſur la direction du fil à plomb, même lorſque le fil pend librement dans l'air. Cette direction, dont juſqu'ici peu d'Aſtronomes ont douté, eſt-elle bien, par toute la terre perpendiculaire ? mais pourquoi plutôt le ſeroit-elle ? Ceux qui croient l'Attraction, comme font, ſans doute Meſſieurs du Nord, ne doivent-ils pas craindre que les Montagnes, par cette force qui réſide dans la matiere qui les forme, n'attirent le fil à plomb & ne le dérangent de ſa ſituation verticale ? N'a-t-on pas déja éprouvé quelque choſe de ſemblable ? De plus les différentes diſtances de la Terre au Soleil ; ſes différentes ſituations par rapport à la Terre ; la Lune qui en eſt ſi voiſine, & qui change ſi ſouvent ſa ſituation. Toutes ces choſes laiſſeront-elles pour les Attractionnaires la direction du fil à plomb ſans aucun ſoupçon.

Nous avouons pour nous, que ſi le fil à plomb ne pouvoit être dérangé que par une véritable attraction, nous n'en craindrions pas les effets ; mais, ſans croire cette incompréhenſible proprieté, répandue miraculeuſement dans la matiére, on peut admettre tous

tous les effets, que lui attribuent les Newtoniens. Les Admosphéres, les tourbillons autour des corps, & peut-être bien d'autres causes méchaniques, ne sont-elle pas suffisantes pour produire tous ces effets ? Descartes n'explique-t'il pas le flux & reflux de la Mer, par la présence de la Lune, aussi-bien que Newton ? Enfin quand nous n'entreverrions pas des moyens, pour expliquer ces effets par des causes purement méchaniques, faudroit-il, pour cela, recourir aux miracles, *Deum accersere ex machina*, ou nier ces effets ? Dieu n'a-t-il pas voulu que tous les corps, quoique réellement impuissants les uns sur les autres, & n'étant que les causes occasionnelles des mouvemens que lui seul opére, eussent cependant des apparences d'influence & d'action qui sont même soumises au calcul ?

Ces deux causes, dont nous venons de parler, le mouvement irrégulier des Etoiles, & la variation du fil à plomb suffiroient pour jetter de l'incertitude sur toutes les opérations qu'on fait pour mesurer les degrez du Méridien, & sur toutes les conséquences qu'on en tire, pour déterminer la figure

figure de la Terre, quand d'ailleurs, cette figure seroit réguliere. Mais, qui a dit que la figure de la Terre soit réguliere ? Est-ce par les irrégularités qu'on observe sur sa surface, & par l'Etérogenéité des matiéres qui la composent qu'on nous veut faire croire que c'est un corps régulier ? Il est clair que tout cela n'est fondé que sur des hypothêses; & si l'on voit par là que tout ce qu'ont dit ceux qui ont voulu déterminer la Terre *à priori*, comme Messieurs Hugens & Newton, est incertain, les réflexions précedentes portent une atteinte qui n'est guéres moins forte aux opérations qu'on a faites, pour décider la question par les mesures actuelles.

C'est ce qui nous fait donner la préférenee aux opérations qu'ont faites Messieurs Cassini, pour déterminer les Degrez des Cercles paralleles à l'Equateur sur toutes les autres opérations qui ont été faites, pour mesurer les degrez du Méridien, & sur celles même que Messieurs Cassini ont faites, quoi qu'ils ayent employé tout l'art & toute l'industrie possible à éviter les défauts que nous avons remarqués dans ces mesures. Mais ils

n'ont

n'ont pû éviter que les défauts qui étoient évitables, & il y en a d'essentiellement attachés à la nature de ces opérations.

Si donc Messieurs Godin, Bouguer & la Condamine, qui sont actuellement au Pérou, n'y mesurent que des Arcs du Méridien, & n'y mesurent pas quelques Arcs de l'Equateur même, ou des Cercles paralleles voisins, il est à craindre que toute leur opération soit inutile. Cette ingénieuse méthode de déterminer la figure de la Terre par la mesure des degrez des paralleles de l'Equateur est dûe à l'illustre Marquis Poleni, Professeur à Padoue. C'est lui, qui sans contredit, en est le premier inventeur, & qui l'a proposée dans l'excellent recueil qu'il nous a donné de ses ouvrages: quoi qu'un Astronome Fançois qui réside maintenant en Russie, ait voulu s'en faire honneur & se l'approprier; prétendant l'avoir trouvée avant M. Poleni, mais c'est ce que cet Astronome n'a pas pû prouver; & toute la gloire de cette méthode demeurera infailliblement à M. le Marquis Poleni.

On peut voir, par tout ce que nous venons de dire, si Messieurs du Nord

&

& leurs Partisans sont aussi forts qu'ils le pensent, & si leur opération est à l'abri de toute incertitude & de tout reproche. Tandis que M. Cassini n'a pensé qu'à se défendre, on n'a vu que des réponses solides aux mauvaises chicanes qu'on lui faisoit ; mais on peut voir présentement si c'étoit la difficulté d'attaquer qui l'en empêchoit.

Cependant ses ennemis ont abusé de son silence ; M. Celsius Professeur d'Astronomie en Suede, a commencé l'attaque par l'écrit le plus injuste. On ne croiroit point qu'on imaginât de faire à M. Cassini les reproches qu'il lui fait ; & il faudroit lire la piéce même pour croire ce que nous allons en rapporter, & pour concevoir l'indignation qu'elle mérite. Cette piéce, au lieu de faire tort à M. Cassini, lui fait tant d'honneur que nous l'aurions rapportée ici toute entiere, si le peu de cas qu'on en a fait dans le public n'en avoit dissipé ou anéanti tous les exemplaires. On ne la pourra donc connoître que par la réponse modeste qu'y a faite M. Cassini. On y verra par les réponses quelles étoient les Objections de M. Celsius & quelle

est

eſt la ſolidité des raiſons de M. Caſſini; mais nous ne ſaurions nous empêcher de faire remarquer ici pour ceux, qui peut-être ne voudront pas, ou ne pourront pas ſuivre la réponſe de M. Caſſini, que les injuſtices de M. Celſius roulent ſur les chefs ſuivans:

1.) M. Celſius veut que M. Caſſini rende compte d'obſervations qu'il n'a pas faites. 2.) Il cite contre les diſtances au Zenith des Etoiles qu'a données M. Caſſini, des déclinaiſons prétendues d'Etoiles déterminées par M. Caſſini qu'il prétend avoir eûes manuſcrites; mais que M. Caſſini n'a jamais données ni reconnues. 3.) Il trouve à redire à ce que M. Caſſini n'a pas donné dans ſon Livre un détail ſec & ennuyeux des obſervations de chaque Angle qu'il a meſuré ſur le Terrein. 4.) Il a la groſſiereté de reprocher à M. Caſſini le Pere, le défaut d'une vue qui ne ſe trouva affoiblie, que pour avoir trop éclairé le genre humain, & qu'après avoir fait tant de découvertes dans le Ciel. 5.) Enfin, (ce qu'on auroit peine à croire) M. Celſius forge de ſon autorité un Syſtéme des erreurs qu'il ſuppoſe

pose que M. Cassini a faites ; & calculant d'après ce Systême, il trouve la longueur de la Méridienne, telle qu'il prétend que M. Cassini la devoit trouver.

Est-il nécessaire de répondre par ordre à chacun de ces chefs ? M. Cassini n'a-t-il pas répondu :

1.) Qu'il n'avoit réellement point fait avec son secteur les observations de la *Lyre* que M. Celsius lui demande ; & que la situation du lieu où étoit cet instrument à l'Observatoire, n'avoit point permis de faire ces observations.

2.) Quel ridicule n'y a-t-il pas de citer à un Astronome contre les observations qu'il a publiées, d'autres observations qu'on lui attribue, qu'il n'a jamais données ni reconnues ?

3.) Si Messieurs du Nord font tant valoir un détail qu'ils ont donné des observations de tous leurs Angles tiré de la confrontation de leurs journaux, étoit-il nécessaire que Messieurs Cassini en fissent autant ? Avoit-on besoin de ces preuves de leur bonne foi ? Et falloit-il qu'ils produisissent des témoins de leurs Opérations comme ont fait Messieurs du Nord ?

4.) Que peut on dire du reproche

que

que M. Celsius fait à M. Cassini le Pere, d'avoir affoibli sa vue à force d'observer, si ce n'est que ce reproche est une grossierté digne des Gots & Visigots?

5.) Enfin que peut-on faire autre chose que rire, lorsqu'on voit un homme s'engager dans un calcul sérieux & pénible d'après une suite d'observations imaginaires? Et n'est-on pas trop heureux qu'un tel Auteur n'en conclue que l'applatissement de la Terre?

Voilà une partie des ridicules qui se trouvoient dans l'Ecrit de M. Celsius; auxquels M. Cassini n'avoit répondu d'abord qu'avec une douceur que ses ennemis ont pris pour foiblesse.

Il a paru depuis un autre Ouvrage, dont M. Cassini ne sauroit trop se plaindre; cet Ouvage a été long-tems un énigme sans qu'on sût s'il étoit pour ou contre le Parti de M. Cassini. On avoue même que plusieurs personnes intelligentes sur ces matiéres le croyoient pour lui; mais le tems dévoile la vérité, & l'on ne doute presque plus que *l'Examen désinteressé*, dans lequel on loue beaucoup M. Cas-

 sini

ſini & tous les Partiſans de la Terre allongée, ne contienne un poiſon caché ſous les fleurs. Du moins pouvons nous avertir que M. Caſſini n'adopté point la maniere dont on y défend ſes opérations. Depuis qu'on a ouvert les yeux ſur le plan de cet ouvrage, bien des perſonnes l'ont attribué à M. de Maupertuis lui-même. Mais ſi l'on y trouve des traits & des incorrections qui font ſoupçonner que c'eſt ſon ſtile, on y trouve un air de modération dont il eſt peu capable.

Juſqu'ici

JUſqu'ici nous n'avons parlé que du phyſique de l'opération du Nord, & nous avons pris la liberté de marquer avec franchiſe les choſes principales qui pouvoient y manquer, & dans leſquelles ces Meſſieurs ont pu faillir. Pour être équitable il faut leur rendre la gloire qui leur eſt due aux autres égards.

Ce grand ouvrage a été entrepris & exécuté avec un courage & une gayeté qu'on ne ſauroit trop louer; d'autant plus que dans des expéditions rudes & pénibles, comme l'étoit ſans doute celle-ci, la gayeté eſt néceſſaire pour le ſuccès. On ne ſera peut-être pas fâché de voir à quoi s'ocupoit M. de M. pendant une tempête; il faiſoit en chanſons le journal de ſa navigation: & comme ce journal ne ſe trouve point dans la relation qu'il a donné de ſon opération, nous le rapporterons ici.

Nous

1.

Nous quittons nos Iris,
L'Opera, nos amis,
Pour la tempête :
Sur l'humide Element,
Nous allons voir comment
La terre est faite.

2.

Déja notre vaisseau
Roulant, tanguant, fend l'eau
Avec sa proue ;
Pour retarder nos pas,
Le vent qu'il ne faut pas ;
Enfle sa joue.

3.

Un éclat lumineux *
Se fait voir dans les cieux ;
Mauvais présage :
Feu perfide & trompeur,
Il est l'avant coureur
De quelqu'Orage.

* Aurore Boreale.

C'est

4.

C'est ainsi qu'à Paris
J'ai souvent vu les ris
D'un beau visage,
Présager aux amants
La tempête, les vents
Et le naufrage.

5.

Bien-tôt on ne vit plus
Ni Triton, ni Glaucus,
Ni Melicerte.
Dans le creux d'un rocher,
Protée alla cacher
Sa barbe verte.

6.

On eut dit que Junon
Sur les mers de Sidon,
Voyoit Enée:
Et qu'Eole en couroux
Vouloit être l'époux
De Déjopée.

7.

Venus calma les coups.
Elle avoit parmi nous
Quelque bonne ame,
Dont le destin portoit,
Qu'elle ne periroit
Que par sa flame.

8.

Les esprits forts traitant
Ce miracle évident
De fable vaine,
Soutinrent que le vent
Avoit en trop soufflant,
Perdu l'haleine.

9.

Pour moi je n'en crois rien ;
Les vents soufflent trop bien :
J'aime mieux croire,
Le fait tel qu'on le dit,
Et tel qu'il est écrit
Dans cette histoire.

Au

10.

Au bout de l'Ocean,
Plus loin que le Jutland,
Eſt un paſſage :
On l'appelle le Sund,
Il eſt aſſez profond,
Mais fort peu large.

11.

La ville des Danois
Nous reçoit ſous ſes toits,
Triſtes demeures ;
Chez Tanſen nous dinons,
Et nous nous ennuyons
Vingt & quatre heures.

12.

Quoi qu'on trouve en ces lieux
Du poil blond, & des yeux
Couleur d'ardoiſe :
Ne quittez pourtant pas
Goſſin ni Petitpas,
Pour la Danoiſe :

C'eſt

C'eſt dommage que M. de M. n'ait pas écrit de la ſorte, la relation entiere de ſon voyage, & le détail de ſon opération. Il auroit remporté un avantage certain ſur M. Caſſini, qui n'a jamais ſu mêler un tel enjoument aux opérations Trigonométriques & Aſtronomiques.

Au défaut de la Romance, nous tacherons d'y ſuppléer d'après quelques mémoires que nous avons eûs ſur la maniere dont nos Aſtronomes ont vécu en Lapponie.

L'exemple de *Fernant Cortez*, que M. de M. s'étoit apparament propoſé de ſuivre, lui fit chercher auſſi-tôt après ſon arrivée, quelque jolie perſonne qui pût lui donner les intelligences néceſſaires dans un pays que perſonne d'eux ne connoiſſoit. Et bien des gens qui ne pénétroient pas ſa politique, crurent qu'il en étoit devenu fort amoureux, parcequ'on le voyoit paſſer les jours & les nuits à chanter ſur ſa guitarre les airs ſuivants qu'il avoit faits pour elle:

I.

D'une fierre maitreſſe
J'éprouve la rigueur,

Je

Je crois que ma tendresse
Redouble sa froideur.
Je fais serment sans cesse,
D'éteindre mon ardeur;
Mais le trait qui me blesse
Est trop cher à mon cœur.

2.

Quand un jour je me flatte
De voir le sien épris,
Le lendemain l'ingrate
M'accable de mépris.
Si je brise ma chaîne
Pour mille maux soufferts
Un regard de Clyméne
Me remet dans ses fers.

3.

Douter si d'une belle
On a touché le cœur;
Ou bien si la cruelle
Se rit de notre ardeur;
Est un tourment plus rude;
Pour l'amant enflammé,
Que n'est la certitude
De n'être point aimé.

La

La nuit profonde de l'hyver du Pole, & le jour continuel de l'été, donnerent lieu à quelques autres couplets, qui font voir que dans le tems où M. de M. ne paroiſſoit occupé que de chanter ſa Maitreſſe, il cachoit adroitement l'aſtronomie ſous les apparences de l'amour ; & décrivoit les phenomenes de la Zone glacée plus exactement que ne l'ont fait Aratus & Manilius. Voici la chanſon :

1.

Pour fuir l'amour
Envain l'on court,
Juſqu'au cercle Polaire ;
Dieux qui croiroit,
Qu'en cet endroit
On eut trouvé Cythere!

2.

Dans les frimats
De ces climats
Chriſtine nous enchante :
Et tous les lieux
Où ſont ſes yeux,
Sont la Zone brulante.

L'aſtre

3.

L'astre du jour
A ce séjour
Refuse sa lumiere :
Et vos attraits
Sont désormais
L'astre qui nous éclaire.

4.

Le soleil luit ;
Des jours sans nuit,
Bientôt il nous destine :
Et ces longs jours
Seront trop courts,
Passez près de Christine.

Les compagnons de M. de M. à l'exemple de leur chef, prirent chacun des Maîtresses ; & chacun bientôt n'eût d'autre Astre à observer que sa Christine. La franchise & la liberté qui regne dans ces climats & la complaisance des habitans, introduisirent bientôt à Tornéo les mœurs de la France ; il n'y resta de la Lapponie que le peu de souci pour les observations

vations & pour les calculs. Ce n'étoit tous les jours qu'assemblées, que Bals, que Colinmaillarts. Ceux qui ont reproché à M. de M. d'avoir pendant ce voyage laissé manquer ses compagnons & lui, des choses les plus nécessaires, comme de pain, de vin &c. devoient du moins lui rendre la justice d'avouer qu'il ne manquoit de soin que pour ces sortes de choses; & que quand il s'agissoit de soutenir l'honneur de la galanterie françoise, il n'épargnoit rien pour les fêtes & pour les bals. Aussi le bruit de ces fêtes se répandit-il de l'une à l'autre rive du Golfe de Bothnie. Les gens qui vouloient se bien divertir venoient à Torneo: & il y vint une très-honnête Demoiselle de plus de 30 lieues exprès pour voir les Philosophes François.

Cependant il fallut quitter tous ces plaisirs. On revint en France; & l'on raporta une mesure du degré aussi contraire à toutes celles de Messieurs Cassini que la maniere de vivre des uns & des autres Astronomes avoit été différente.

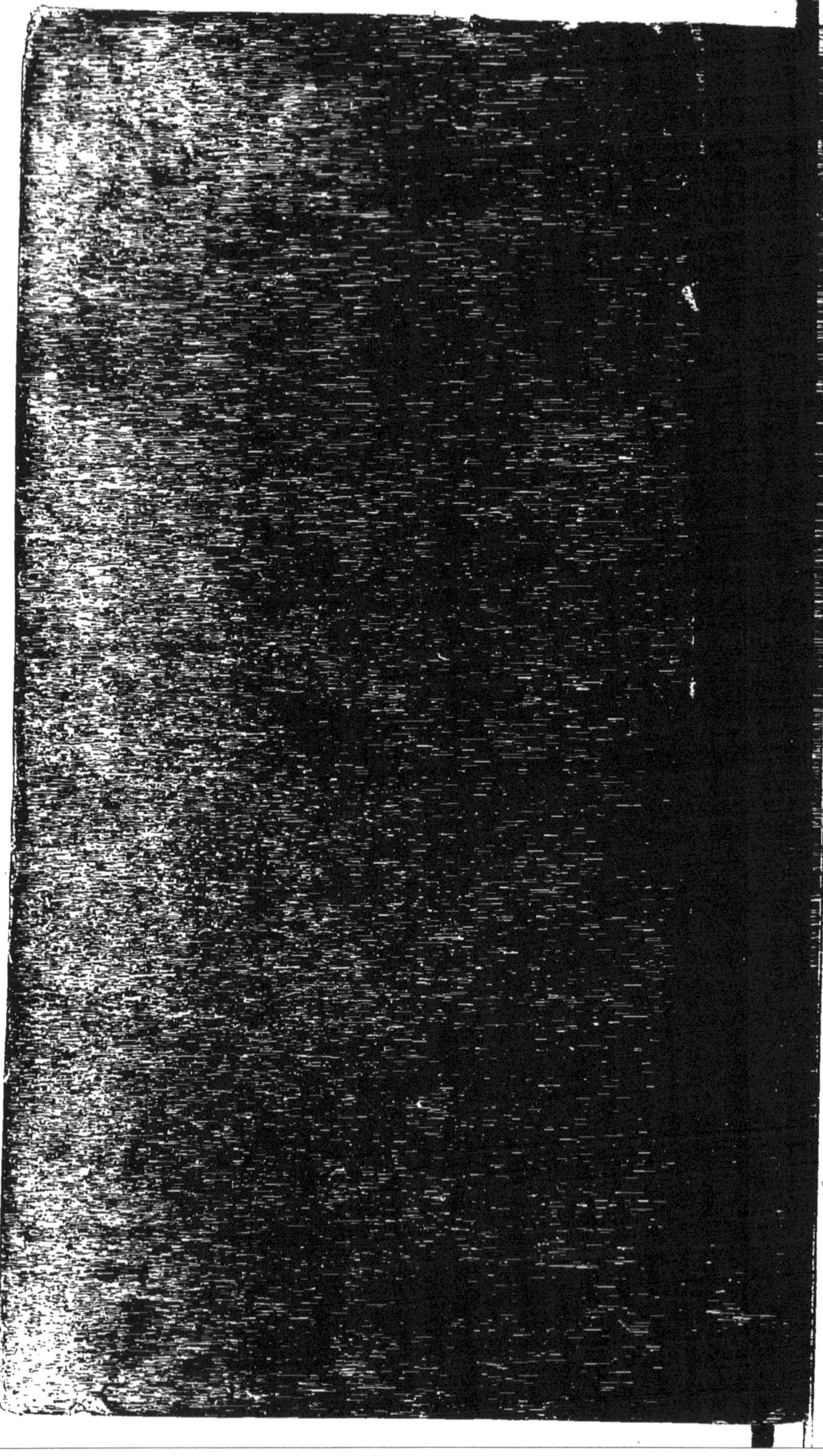

www.ingramcontent.com/pod-product-compliance
Ingram Content Group UK Ltd.
Pitfield, Milton Keynes, MK11 3LW, UK
UKHW020954220726
13924UKWH00002B/677

9 782019 623975